学科学魅力大探索

U0591124

科技历史跟踪

台运真 编著 丛书主编 周丽霞

物种:越来越多的物种

汕头大学出版社

图书在版编目（CIP）数据

物种：越来越多的物种 / 台运真编著. -- 汕头：
汕头大学出版社，2015.3（2020.1重印）
　　（学科学魅力大探索 / 周丽霞主编）
　　ISBN 978-7-5658-1721-2

　　Ⅰ. ①物… Ⅱ. ①台… Ⅲ. ①物种—青少年读物
Ⅳ. ①Q111.2-49

中国版本图书馆CIP数据核字(2015)第028227号

物种：越来越多的物种　　WUZHONG：YUELAIYUEDUO DE WUZHONG

编　　著：台运真
丛书主编：周丽霞
责任编辑：汪艳蕾
封面设计：大华文苑
责任技编：黄东生
出版发行：汕头大学出版社
　　　　　广东省汕头市大学路243号汕头大学校园内　邮政编码：515063
电　　话：0754-82904613
印　　刷：三河市燕春印务有限公司
开　　本：700mm×1000mm　1/16
印　　张：7
字　　数：50千字
版　　次：2015年3月第1版
印　　次：2020年1月第2次印刷
定　　价：29.80元
ISBN 978-7-5658-1721-2

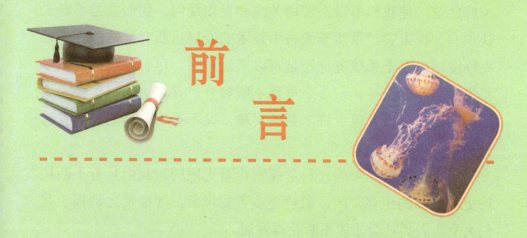

前　言

　　科学是人类进步的第一推动力，而科学知识的学习则是实现这一推动的必由之路。在新的时代，社会的进步、科技的发展、人们生活水平的不断提高，为我们青少年的科学素质培养提供了新的契机。抓住这个契机，大力推广科学知识，传播科学精神，提高青少年的科学水平，是我们全社会的重要课题。

　　科学教育与学习，能够让广大青少年树立这样一个牢固的信念：科学总是在寻求、发现和了解世界的新现象，研究和掌握新规律，它是创造性的，它又是在不懈地追求真理，需要我们不断地努力探索。在未知的及已知的领域重新发现，才能创造崭新的天地，才能不断推进人类文明向前发展，才能从必然王国走向自由王国。

　　但是，我们生存世界的奥秘，几乎是无穷无尽，从太空到地球，从宇宙到海洋，真是无奇不有，怪事迭起，奥妙无穷，神秘莫测，许许多多的难解之谜简直不可思议，使我们对自己的生命现象和生存环境捉摸不透。破解这些谜团，有助于我们人类社会向更高层次不断迈进。

其实，宇宙世界的丰富多彩与无限魅力就在于那许许多多的难解之谜，使我们不得不密切关注和发出疑问。我们总是不断去认识它、探索它。虽然今天科学技术的发展日新月异，达到了很高程度，但对于那些奥秘还是难以圆满解答。尽管经过许许多多科学先驱不断奋斗，一个个奥秘不断解开，并推进了科学技术大发展，但随之又发现了许多新的奥秘，又不得不向新的问题发起挑战。

宇宙世界是无限的，科学探索也是无限的，我们只有不断拓展更加广阔的生存空间，破解更多奥秘现象，才能使之造福于我们人类，人类社会才能不断获得发展。

为了普及科学知识，激励广大青少年认识和探索宇宙世界的无穷奥妙，根据最新研究成果，特别编辑了这套《学科学魅力大探索》，主要包括真相研究、破译密码、科学成果、科技历史、地理发现等内容，具有很强系统性、科学性、可读性和新奇性。

本套作品知识全面、内容精炼、图文并茂，形象生动，能够培养我们的科学兴趣和爱好，达到普及科学知识的目的，具有很强的可读性、启发性和知识性，是我们广大青少年读者了解科技、增长知识、开阔视野、提高素质、激发探索和启迪智慧的良好科普读物。

目 录

稀奇古怪的人面植物

人面果

在东部非洲肯尼亚的东部，生长着一种奇特的水果，果实呈扁圆形。奇特的是果子前面是银白色，后面是赤黄色。果实上有些突出的果疤，巧似人脸上的眼、鼻、眉，而且分布的也如人的五官一样匀称。因此整个果实看起来仿佛是一张小孩的脸。人们称它为"人面果"。

人面果是一种叫"婆其格利德树"的果实。这种树每年3月开花，5月结出拳头大的果实。每当收获季节，那压满枝头的累累果实犹如枝叶扶疏间的一张张小脸，特别惹人喜爱。

在我国也有人面果，又名

"银莲果"、"长寿果",是我国侗族语言翻译出来的水果名称。树高二三十米,因聚合浆果呈球形,或似糯米饭团,故称人面果或大冷饭团。人面果原生于原始森林,属野生植物水果。近年来在我国广西壮族自治区龙胜县经过移栽、优化、选育、繁殖,大面积种植,生长良好。该水果参加全国农产品展销会,受到了不少外商青睐。

人面花

人面花,学名"三色堇",原本生长在欧洲中北部地区。成熟植株高0.15米至0.25米,叶片表面光亮平滑,呈现倒卵形,深绿色,叶缘为波浪状。

花茎由顶部或腋部抽出,集中在每年冬、春两季开花,每朵花有5瓣,颜色有白、黄、紫、蓝和红等多种颜色。由于花色深浅搭配,加上花瓣纹路变化,因此让人看起来有一种错觉,有时看似人面,有时又像猫脸,所以被人们称作"猫脸花"、"鬼面花"。三色堇花姿优雅,花色绚丽耀眼,具有层次感的花瓣宛若彩蝶,每当微风轻拂,常随风翩翩起舞,优美迷人。

关于这种花还有个美丽的希腊神话故事:爱神丘比特在射箭时,不慎因风向关系将箭射偏了,不小心射中了白堇花,白堇

花因而血泪交织，血泪干掉之后白堇花变成了3种颜色，因此这种花也成了美丽的爱情使者。

人面竹

　　在我国蜀南竹海风景区，人面发现了42棵人面竹。这些奇异的竹子长得并不高，与成人高矮差不多，大的直径约0.2米，小的直径约0.1米。这些竹子的节纹并不是像普通竹子一样水平生长，而是斜着向上交错，上下节纹间略有相连，节面微凸，斜向交错的节纹活脱脱地勾勒出一位妙龄少女的面颊。更令人称奇的是，有的人面竹在上下节纹间还有一个天然的小孔，酷似人的嘴巴。

　　人面竹的干部圆实光滑，不长一根枝杈，顶梢则有密密的竹

叶。远观人面竹如同少女苗条健美的身影，所以又有人称它为"美人竹"。这种竹10多年来在蜀南总共才发现40多棵。人面竹是楠竹的一个变种。至于它何以异于高大挺拔的楠竹而长得如此矮小，竹身如此酷似人面又是何种原因，这些都还是一个谜。

延 伸 阅 读

　　人形何首乌，是指形状似人形的何首乌。有天然形成和人工栽培两种。人工栽培人形何首乌可根据需要制造出各种人形模具，然后将小的何首乌置于模具内，栽于地下，长大后即成人形何首乌。

自己种食物的雪人蟹

发现新物种雪人蟹

2005年3月，雪人蟹被发现时，它正在南太平洋复活节岛附近水下约2400米深处的热泉喷口周围漂动。

雪人蟹生活于距南太平洋复活节岛1500千米附近的深海。一些研究人员认为，细菌群落可以帮助雪人蟹对付那些来自火山喷发口的有毒液体。

雪人蟹如何得名

雪人蟹，甲壳类动物，其模样同龙虾、螃蟹相似，全身覆盖着丝绸般的绒毛。科学家给这种动物命名为"基瓦多毛怪"，因为雪人蟹与其他甲壳类动物截然不同，科学家为其新创了一个新动物科属。

据专家称，雪人蟹是被一支由美国人领导的潜水小组于2005年在南太平洋复活节岛以南1500千米和2300米的深水中发现的。

发现雪人蟹的小组表示，尽管每年都会发现大批新的海洋动物，但发现一种值得新创一个科属的海洋动物却十分罕见。这个新科属以波利尼西亚神话中甲壳类动物的保护神"基瓦"命名。

雪人蟹具有令人吃惊的特征，雪人蟹完全没有视觉功能，身上布满了黄色的细菌群落。螯上覆盖着头发般细细的绒毛，全身雪白，体长约0.15米。所以也被称为雪人蟹。

雪人蟹如何生存

2006年，科学家在哥斯达黎加深海处发现了另一种新型的雪人蟹，它们在深海热泉喷口喷出的富含硫化物的岩浆中寻找食物，究竟食物是如何产生和食用的呢？

科学家发现这种蟹类可以在自己的爪子上培育细菌，然后当食物吃掉。

这种海底生物因其细长的钳子上长满鬃毛而得名。它们在喷口处挥舞着大钳子，从而在其鬃毛上滋生出各种有营养的细菌，供其食用。

研究者们认为，这种深海雪人蟹在海底喷口处挥舞大钳子的时候消耗了周围环境的大量氧气，大量硫化细菌群落在其钳毛上滋生。而

当它们饿了的时候，用嘴上一个像梳子一样的工具将细菌从钳毛上梳下来送入口中消化吸收。

延 伸 阅 读

　　作为细菌宿主的生物并不是只有雪人蟹这一类，另外两类生活在海底热泉边的甲壳纲生物柯氏绒铠虾和大西洋无眼裂缝虾，也有类似雪人蟹一样将细菌在身体上培育的行为。

长生不老的灯塔水母

发现灯塔水母

一般的水母通常会在繁殖下一代后死亡，但有一种水母在达到性成熟阶段之后，又会重新回到年轻阶段，开始另一次生命。这种能使自己返老还童的神奇生物，叫灯塔水母。

这种灯塔水母长约四五毫米。灯塔水母最开始是在加勒比海被发现的，由于其繁殖过程中个体不会减少，数量迅速增多，因而会扩散到所有的海洋。

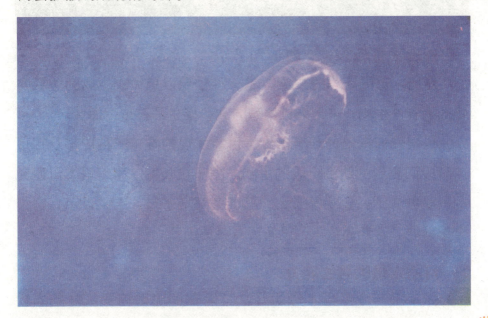

灯塔水母的不死之躯

灯塔水母属于水螅虫纲，是一种主要以更微小生物为主要食物的捕食性生物，采用无性繁殖方式，多生活在热带海域。

科学家们指出，灯塔水母是目前发现的唯一一种能够从性成熟阶段回复到的幼虫阶段的生物。据一位长期从事灯塔水母研究的科学家介绍，他观察了大约4000条灯塔水母，结果显示，它们全部都能"返老还童"，没有因自身原因死亡过一条。

灯塔水母的再生能力

如果把一个灯塔水母切开，它能在24小时内变成两条水蛭虫，72小时后长出触角。就算把它打碎，只要它的细胞完整，也可以变成一条水螅虫，重新开始生命。

可以这样理解——灯塔水母的生命是没有终结的。也就是说，灯塔水母在死前回到了生命的开端，重新演绎了自己的生长、发育。

灯塔水母之所以可以永生，是因为它有再生基因。而这种基因人类也有，只是不活跃，或是休眠了。

灯塔水母的不死之谜

至于灯塔水母究竟是如何完成"返老还童"这一神奇过程的，其中的谜团还有待于海洋生物学家和遗传学家们进行解答。有研究人

员认为，灯塔水母的"返老还童"过程可能是通过细胞的转化实现的。在这个过程中，细胞的类型和功能会发生改变。而伴随这种功能上的转化所出现的则是器官的再生。或许正是细胞的这种变化过程为灯塔水母打造出了不死之躯。

延 伸 阅 读

　　道恩灯塔水母是一种半透明的水母，生活在太平洋及大西洋水域，体型小得几乎无法辨认，即便是成年个体也不过指甲盖大小。20世纪90年代科学家们就认识到，这种胶质低级生物拥有一种不可思议的能力：返老还童。

发现新物种旋额虫

发现仰泳游动的怪物

在我国云南省泸西县金马镇的山腰上有一个奇特的地方，是一块面积约一亩的老水塘。这个老水塘虽然处在高处却一年四季都不会干涸，多少年以来就是如此。平时，村里的水牛会在里面饮水、打滚，孩子们也喜欢到这里捞虾，捉泥鳅。

该水塘中间水草丰盛，有大片沼泽。背靠一片山坡，坡上有密密麻麻的松柏，另外三面都是山地。水塘水深平均一米左右，

里面多虾和泥鳅，还有一些小鱼。

2008年9月1日下午，金马镇村民孔维雷，像往常一样带了一个小网兜，来到这里捉泥鳅。当他提起网兜来，除了几条泥鳅，还在网里发现了几只奇特的小东西——上半身透明，下半身呈橘红色，再放回水里，却是仰面游动！

这种似虾非虾的怪物，他从没见过，觉得十分奇怪，于是，他连忙找村里一位老人看看，对方也说："活了这么一大把年岁，还没有见过这东西！"其他村民，也都从来没见过，因此，产生了许多猜测。

老水塘发现怪物的消息也迅速扩散。因为没有人知道内情，大家心里不免都有些担忧——会不会和某种灾难有关？到这儿来饮水的牲口不会中毒吧？

怪物是什么

孔维雷和伙伴们，又前往老水塘捕捞几只怪物，用塑料瓶装上观察。这个小东西有10多对细密的须足，在水里斜斜地向前缓慢游动，腹面朝上背朝下，姿势十分优美！

好奇心很强的孔维雷，分别给泸西县水产工作站和泸西电视台打了电话，称捉到了一种怪虾，希望知道是什么东西。从事水产管理工作20年的殷建平，对于泸西境内的水生动物，几乎是烂熟于心。当他和同事来到老水塘，看到这种外形奇特的水生动物时，也感到"奇怪"，表示要带回去找资料研究才能确定。然而，这却使村民们的疑惑越来越多。他们祖祖辈辈生活在这里，怎么会突然从水塘里冒出一群大家都不知道的怪物呢？

再观察怪物

据观察，这些个体每只长约三四厘米，身体上半部分呈透明的白色，下半身则呈鲜艳的橘红色。几乎可以看到内脏的结构，肠道也清晰可见。

其头部的双眼比较突出，头上有一对触角。可以很容易分出雌雄，雄性个体稍大一些，嘴部的第一大腭为钳状，而雌性则为扇状。共同的是它们胸部都有11对足，也就是人们看见的须。尾叉分开为两支，长有纤毛。

养育期间，水产站工作人员做了观察记录，并拍下影像资料。不幸的是接下来的10天里，这些可爱的小东西先后死去。孔维雷也养了一些在家里，再去看时，同样已经死去。大家分析，死亡的原因首先是其生命周期很短，也可能与食物的匮乏和对水体环境不适有关。

9月15日下午，水产站工作人员再次来到老水塘采集了16条进行饲养，并发现了一些较小的雌性个体，腹部有清晰可见的卵粒。它们就要产幼仔了，大家都十分高兴。

怪物可能是仙女虾

起初，水产站工作人员将影像资料通过电子邮件，发给了中科院昆明动物研究所，该所研究水生动物的舒树森通过照片对比，初步认定为"旋额虫"，即节肢动物门、甲壳纲、鳃足亚纲、钗额虫科、枝额虫属。旋额虫在美国被称为"仙女虾"，只在1949年我国云南省昆明有发现记载。

为了真正弄明白该生物的属性，舒树森和同事带着更为先进的仪器，于9月17日来到泸西老水塘亲自采样。对水体勘测时，他们发现该水塘水体呈弱碱性，水温在20度左右，浮游生物丰富。现场，科研人员采集到了多条水生动物，给围观的村民们现场讲解："这种'仙女虾'在全世界很多地方都有，在地球上也

生活了两亿年，与恐龙是一个时代的，大家不必惊慌！"他们还称，在1949年时，昆明就曾发现过该物种，之后云南全境都没有发现，这次在泸西确实是第一次发现，很新奇！

这次行动，舒树森和同事们采集到了30多条"仙女虾"，回到中科院昆明动物研究所研究。

最终，通过世界文献对比，国外专家给出了明确的答案，认定这是一种地球上的古老物种，具体来说是属于旋额虫科的旋额虫。在我国，它是旋额虫科被发现的第一个物种。

旋额虫暂短的生命周期

泸西县水产站对第二次采集的16条旋额虫，进行了跟踪记录。他们发现，其中几乎有一半属于雌性，腹部都有卵粒。他们每天都分3次记录气温和水温，摸索食性和其生活习性，试图弄清其活动和繁殖规律。

而卵粒经过7天至10天的母体孵化，大家在10月6日早上8时多，惊喜地发现了10多条长约1厘米、全身透明的小幼仔。从10月15日开始，10多天之后，就偶尔有个体死去，大家这才发现属于正常的"老死"，不少个体在采集回来时，就已经处于"中老年"。遗憾的是，这些小家伙没能长大，在随后的一个月里全部死去。该科物种的生命周期很短，无论在野生还是人工饲养条件下，都只有两三个月寿命。

　　专家们推断，该物种可能以前就存活过，但因生命太短而没有被人们发现。此外，种群数量少也是难发现的原因。

旋额虫因何出现在半山坡

　　根据测量，旋额虫对生存环境的要求十分苛刻。专家们称，泸西坝子属于喀斯特地貌，在过去百万年前，包括石林一带都属于海底。后来，地面缺水而地下水丰富，因此出现了很多靠地下水供给的不干涸的小湖泊和水塘。这给古老的水生动物提供了生

存场所。该物种的卵具有休眠特性，为了适应生存，它可以休眠几十年甚至更久，之后遇到合适的水体条件再孵化。

此后，当地政府和村民，都开始对这片水域进行保护。随着冬天的到来，这种泳姿优美的可爱生物已经全部死去了，但是可以肯定的是，它们仍有休眠卵存在于这片水域。

延 伸 阅 读

旋额虫属于旋额虫科的一种水生动物，因其生命周期较短，在地球上活体不多，印度和泰国曾有该物种的文献记载。

克隆繁衍后代的蜥蜴

餐馆里发现的新物种

在越南的餐馆里有一道特色的菜，这种特色菜的原料是一种蜥蜴新物种。但科学家最新研究发现，这种蜥蜴是罕见的单性繁殖动物。这一新物种蜥蜴并不是平常的爬行动物，雌性蜥蜴完全可通过克隆进行后代繁衍，无需与雄性蜥蜴交配。

美国加利福尼亚州拉瑞那大学爬虫学家李·格瑞斯莫尔协助研究人员鉴别出这一新物种，他说："越南居民已食用大量的这

种蜥蜴，在湄公河三角洲部分地区，当地餐馆以这种单性蜥蜴作为一道特色菜，我们是在偶然之中才发现它们。"

人们捕捉新物种

格瑞斯莫尔的越南同事吴文智是越南科技学院研究人员，他发现巴地头顿省的餐馆里出售一种奇特的活蜥蜴。吴文智看到这种蜥蜴有点奇特，便拍摄照片发送给格瑞斯莫尔父子，格瑞斯莫尔的儿子耶西·格瑞斯莫尔是美国堪萨斯州大学的博士生。这一对父子猜测这可能是一全雌性物种，它们的雌性和雄性应当在皮肤颜色上有直接区别，但在发送的照片中并没有雄性踪迹。

为此，格瑞斯莫尔父子乘坐飞机抵达越南西贡市，联系那些出售这种蜥蜴的餐馆，并希望他们保留这些活蜥蜴，经过长达8小时的摩托车旅程最终抵达目的地。

当他们最终抵达那家餐馆时，疯狂的人们都已经喝得酩酊大醉，店主已将这些蜥蜴烹饪成菜。幸运的是，其他餐馆的这种蜥蜴都已停止出售，同时，还在当地学校学生们的帮助下，在野外收集了更多的活蜥蜴。最后，格瑞斯莫尔共收集了70只该物种蜥蜴，它们全部都是雌性。

研究人员研究新物种

格瑞斯莫尔新发现的蜥蜴物种在前肢脚趾下长有一排骨质鳞片——壳层，他称这一特征不同于其他蜥蜴物种。该项研究发表在《动物分类学》杂志上。这种蜥蜴可能是母系和父系相关的一种杂交体，这一现象常出现于两个栖息地之间的过渡区域。比如，这种新物种蜥蜴的原生长地在平珠福保自然保护区，该区域介于低矮林地和海滩沙丘地形之间。

格瑞斯莫尔说："在不同栖息地生活的蜥蜴物种聚集在一起时，很容易繁殖生育性别杂交体。"他测试分析结果表明该物种蜥蜴线粒体DNA分子是母系类型，这种DNA分子的类型仅通过雌性进行遗传，然而却没有它的父系类型DNA。

然而，有理论可以证实性别杂交物种在短期内会更加健壮。杂交体的细胞比非

杂交体有更多的遗传多样性，这是因为杂交体携带着每种亲系的基因。这意味着该物种会更加强壮，会有更强的适应性。例如：骡子，这是马和驴的杂交物种，它们不能生育，但它们却是一种非常强壮的动物，在某些劳作任务中它们是首选的家畜。科勒称"因而我们可以将这种蜥蜴看做是能够克隆自身的骡子"。

延 伸 阅 读

　　单性蜥蜴物种十分罕见，大约1％的蜥蜴物种中才存在着单性生殖，这意味着雌性蜥蜴可本能地排卵，基于相同的基因蓝图克隆自身生育后代。美国《国家地理杂志》杂志将其评为"2010年10种最怪的新发现的动物物种"。

河流中的神秘鱼怪

老练的捕猎者六须鲶鱼

六须鲶鱼身长而无鳞，宽扁的鱼头上有一张惊人的阔嘴，里面长满一排排砂纸般细细的牙齿，足有几百颗之多。它们的上下颌上各长着一套触须，帮助它们在混沌的水域中捕捉猎物，它们的身影遍布欧洲的大湖以及水流不急的河流。

六须鲶鱼是老练的捕猎者，平时生活在水底，在水面有响动时迅速上浮捕猎，一般在靠近河岸的地方捕猎。欧洲六须鲶鱼捕

猎时先划动胸鳍，制造出漩涡让猎物失去方向，然后张开那张巨大无比的阔嘴，像吸尘器一样把猎物吸进嘴里，囫囵吞下。

人们捕获巨型六须鲶鱼

2012年7月31日，在英格兰东南部的埃塞克斯郡橡树湖区，31岁厨师詹姆斯·琼斯在湖边守了3天后，奇迹般捕获一条巨型淡水鱼，并最终在湖泊主人的帮助下将它拖上岸。不过，他又将这条鱼放归湖里。据悉，这条鱼是一条六须鲶鱼，重达65.3千克，长约3.8米，为史上在英国捕获的最大淡水鱼。而截止2000年，英国捕获的最大鲶鱼重达28千克。

2005年捕获的湄公河六须鲶鱼重达293千克，为目前世界上第一大鲶鱼。

六须鲶鱼吃人的可怕传说

关于六须鲶鱼吃人的可怕传说可以追溯至15世纪，但2008年柏林的一个湖中发生了大鱼攻击人的事件，由于在俄罗斯曾抓到过一些六须鲶鱼，它们的胃里有人类的残骸，所以很多人相信攻击者就是六须鲶鱼。

但大部分专家认为那些受害者在被六须鲶鱼吞下之前已经淹死，六须鲶鱼只是吃了人类的尸体。不过，在它们的交配季节中，六须鲶鱼表现出了极具攻击性的行为，所以让人觉得如果当时有人进入它们的领地，六须鲶鱼会攻击人类也是可以相信的。

六须鲶鱼真的会吃人吗

六须鲶鱼的生命可以长达80年，喜欢在水草间筑巢，交配季节把卵产在巢穴内。六须鲶鱼会保护30万枚黄色的鱼卵，直至它们孵化。在孵化期间如果有任何来犯者，六须鲶鱼都会攻击，以防淡水虾或其他生物吃掉它们的鱼卵。

六须鲶鱼具备护卵、护巢的生活习性，对于六须鲶鱼，游泳

者就是侵犯者，所以会咬游泳者，这也就是六须鲶鱼"吃人"的原因，之前的传说也许并不是空穴来风。

六须鲶鱼身上同样有侧线用于观察水中的任何信号，包括水流、水生植物及水生动物等。其头部的6根胡须像雷达一样能够探测到任何水中的信息。

延 伸 阅 读

亚洲的巨型六须鲶鱼可重达270多千克，不过，现在它们在长大之前就被人们打捞上来了。人类筑坝或者捕捞等活动严重影响了这种巨型六须鲶鱼的生存。2003年，巨型六须鲶鱼已被世界自然保护联盟列为濒危珍稀物种。

喜马拉雅山新物种

叶麂

叶麂这是世界上最小的鹿物种，它属于毛冠鹿家族。1999年，当时科学家在缅甸北部的喜马拉雅山脉地区进行实地勘测时首次发现的。其直立时身高为0.6米至0.8米，体重为11千克。

史密斯叶蛙

1999年首次被发现，它是在印度阿萨姆邦被发现的5种青蛙新

物种之一，同时它也是世界上外形最奇特的青蛙物种。

其体长仅有几厘米长，它们能够发出巨大的尖叫，能够膨胀金黄色眼球。

橙斑蛇头鱼

2000年被发现，生活在印度阿萨姆邦北部的亚热带雨林地区，主要分布在丛林溪流、池塘和布拉马普特拉河的沼泽中。

这种鱼类具有非常独特的特征，身体上具有鲜明的紫色和橙色斑点，其体长可达到0.4米，外形也兼具蛇的特征。橙斑蛇头鱼是一种食肉性鱼类，具有很强的掠食性，喜欢以小型鱼类和无脊椎动物为食。

格普瑞彻特绿蝰蛇

2002年被发现，这种绿色蝰蛇有毒，身体最大可生长至1.3米。科学家预测全球范围内还有其他地区也存在该物种。

雄性和雌性之间存在着很大的差异，雌性能够生长得更长，身体较纤细，在头部长着蓝白色条纹，眼睛呈深黄色。而雄性的体长相对较短，在头部长着红色条纹，长着亮红色或深红色的眼睛。

尼泊尔蝎

尼泊尔蝎是在喜马拉雅山东部地区被新发现的3种蝎子之一，该物种在2004年首次被官方记录描述。

当时研究人员在尼泊尔奇旺国家公园里发现这种蝎子。它体长达0.08米，红黑色的背部，光滑的甲壳，淡红褐色尾尖，其中很可能包含着毒素。

阿鲁纳卡猕猴

这是2005年在印度东北部的喜马拉雅地区被发现的一个新物种。这种猕猴体型矮壮、尾短、身体呈棕褐色，生活在海拔2000米至3500米的高山上。

该物种的发现具有特殊意义，它是全球只在印度境内存在的一支灵长目物种。研究人员指出，阿鲁纳卡猕猴比其他近亲物种体型矮小结实，长着灰色面孔。它是生活在海拔最高的灵长目动物。

瑙蒙短尾鹛

这种中等体型的鸟儿长着深褐色的羽毛，尾部较短，腿较长，它最显著的特征就是较长的腿和长而弯曲的喙。较长的喙用于在地面上寻找食物。

据悉，瑙蒙短尾鹛是于2005年被发现的。

西藏绒蒿

西藏绒蒿2007年被发现，它是近年来被发现的12种新罂粟物种之一。

在喜马拉雅山脉东部延伸着一个较大的花卉植物带，在这个神秘迷人的地区生长着大量的植物，在过去，平均每年就发现20多种新植物。

孟加拉淡水明虾

　　这是一种新物种淡水虾，它们是从孟加拉库奇比哈尔地区通过某些途径抵达欧洲的，这种体色呈红褐色的淡水虾，色彩非常艳丽，2008年被发现的。

延 伸 阅 读

　　扎瓦狼蛇生活在印度阿萨姆邦海拔低于500米的丛林和溪流地区，这种新物种蛇呈黑色，相间着白色环状条纹，体长可长至0.5米，主要以壁虎为食。

澳洲十大最毒动物

石鱼

这种鱼也许是世界上最毒的鱼类。它们以小鱼小虾为食，其背上的13根毒刺是为了保护自己不要成为鲨鱼等海洋动物的猎物，即这种毒刺并不是用来捕食的，而是保护它们自己的一种手段。石鱼因其外表而得名，它们很善于伪装，一旦踩上它们，13

根尖锐的背刺会穿透鞋底刺入脚掌，产生剧烈疼痛和严重的肿胀，并使组织坏死，最后造成截肢或死亡。

鸭嘴兽

鸭嘴兽是澳洲特有的珍贵稀有动物。鸭嘴兽憨态可掬，鸭子一样的嘴巴和带蹼的脚掌使鸭嘴兽显得很讨人喜欢。但是鸭嘴兽是世界上目前发现的唯一一种有毒哺乳动物。

雄性鸭嘴兽后足有刺，内存毒汁，喷出可伤人，几乎与蛇毒相近，人若被毒刺刺伤，即引起剧痛，以至数月才能恢复，但不会致命。雌性鸭嘴兽出生时也有剧毒，但在长到0.3米时就消失了。

鸭嘴兽生长在河、溪的岸边，大多时间都在水里，其皮毛有油脂能使身体在较冷的水中仍保持温暖。在水中游泳时它们是闭着眼的，靠电信号及其触觉敏感的鸭嘴寻找在河床底的食物。

蓝环章鱼

这种章鱼十分美丽，但在美丽的外表下却隐藏剧毒。蓝环章鱼目前仅发现于澳大利亚南部海域。腕足上有美丽的蓝色环节，遇到危险时，身上和爪上深色的环就会发出耀眼的蓝光，向对方发出警告信号。

　　蓝环章鱼能够产生河豚毒素，而且蓝环章鱼是已知生物中除河豚外唯一能产生河豚毒素的生物。河豚毒素对神经中枢和神经末梢有麻痹作用，只要0.5毫克即可致人中毒死亡。

　　一只这种章鱼的毒液，足以使10个人丧生，严重者被咬后几分钟就会毙命，目前还无有效的抗霉素来预防它。

海蛇

　　海蛇身体扁平，尾呈桨状，适于水生生活。尽管外形看起来像鳗鱼，但是海蛇并没有腮，而是通过鼻孔呼吸。海蛇喜欢在大陆架和海岛周围的浅水中栖息，海蛇能够在水底潜很长时间，因为它们的肺足有身体那么长，而且能够通过皮肤进行呼吸。

　　海蛇咬人无疼痛感，其毒性发作要经过一段潜伏期，被海蛇咬伤后30分钟甚至3小时内都没有明显中毒症状，然而这很危险，

容易使人麻痹大意。

实际上海蛇毒被人体吸收非常快，中毒后最先感到的是肌肉无力、酸痛，眼睑下垂，颌部僵直，有点像破伤风的症状，能导致呼吸麻痹，同时心脏和肾脏也会受到严重损伤。被海蛇咬伤的人，可能在几小时至几天内死亡。但多数海蛇是在受到骚扰时才伤人。

箱形水母

澳大利亚箱形水母是十分好看的海洋生物。箱形水母是一种淡蓝色的透明水母，形状像个箱子，有4个明显的侧面。

据澳大利亚海洋科学研究院科研人员表示，箱形水母有大约15条触须，每条触须上布满了储存毒液的刺细胞。人一旦被触须刺中，3分钟之内就会死亡。

澳大利亚箱形水母是世界上毒性最强的水母，是世界上最毒的海洋生物之一。箱形水母以小鱼和甲壳纲动物为食，它们的剧毒毒液能够使猎物瞬间毙命。

一旦被箱形水母的触须刺到，除非立即救治，否则很难活命。因为箱形水母的毒液会使人剧痛难忍，陷入昏迷无法游回到安全地区。

悉尼漏斗网蜘蛛

这是一种黑得发亮的剧毒蜘蛛。所有的蜘蛛都有毒性，只是毒性大小不同。比较著名的毒蜘蛛，如美国的黑寡妇蜘蛛、隐士蜘蛛，美国西北部太平洋海岸的流浪汉蜘蛛，但这些蜘蛛都不比悉尼漏斗网蜘蛛来得致命和危险。

然而更可怕的是悉尼漏斗网蜘蛛经常出现在城市里。它们原产于澳洲东岸，这种易怒的生物堪称世界上攻击性最强的蜘蛛，它们的一次蛰咬可在不到一小时内杀死一名成年人。悉尼漏斗网蜘蛛释放毒液的器官是一对强劲有力、足以穿透皮靴的尖

牙。其成体的体长可达0.06米至0.08米，尖牙长度可达0.013米，发起袭击时毒牙像匕首一样向下猛刺，因此漏斗网蜘蛛要昂首立起，才能露出毒牙向下猛咬。

被蜇咬后数分钟内即可感受到超强毒性的影响，漏斗网蜘蛛的毒液会迅速蔓延，患者会产生痉挛性的瘫痪，最后会陷入昏迷状态。毒素会侵袭呼吸中枢，致使患者最终窒息而死。

数十年来，澳洲人对这种剧毒蜘蛛的恐惧始终不减，但在1981年，经过10多年的研究之后终于制造出一种抗毒剂，拯救了数百条人命。

棕蛇

棕蛇被发现于澳洲大陆，是世界上第二大毒蛇。其不仅能够产生剧毒毒液，还极富攻击性，遭遇挑衅后这种毒蛇能够发动反复攻击。这种毒蛇一般为深褐色、橘黄色或黑色，腹部是白色。

棕蛇用毒液攻击猎物，有力的缠绕能够使猎物窒息。它们以蜥蜴、青蛙和小型哺乳动物为食。棕蛇的剧毒毒液，含有阻止血液凝结的成分，因此一旦被棕蛇咬伤，就会有大出血的危险。

太攀蛇

太攀蛇分布于澳洲北部、新几内亚，栖息于树林、林地，以小哺乳动物为食，体长约两米。

太攀蛇是陆地上最毒、连续攻击速度最快的蛇，快的程度可以让你双眼看不见，它咬一口所释放的烈性毒素约有110毫克，毒液能杀死100个成年人、50万只老鼠。

这种蛇与其他蛇不同，一般的蛇攻击时都会咬着猎物不放，而将毒液注入，但太攀蛇只要咬一口就能将毒液注入，所以太攀蛇会先咬一口，然后立即后退看看情况如何，等到猎物倒下，它们就会上前将其吃掉。

一旦被太攀蛇咬到后，受害者血液并不会凝固，但受害者的七孔会有些微出血，再过一会儿，受害者看四周的事物会出现重叠影像，之

后全身机能会慢慢停顿，导致瘫痪窒息而死。

拟眼镜蛇

　　拟眼镜蛇分布在澳洲中部、东部、北部以及新几内亚，栖居在干燥的森林、林地、草原及干燥的灌丛林中。

　　这种蛇的分布极为广泛，在多种不同类型的栖地中都可发现，出没时间可能在白天，也可能在晚上。

　　它们十分危险，澳洲大多数的因蛇致死事件几乎都与它们脱不了关系。它们一旦受到威胁，就会积极反击，首先会将身体前端抬高并弯绕成"S"型、撑平颈部，张开嘴巴，然后迅速猛烈攻击。

　　不过拟眼镜蛇的咬击只有一半带有毒素，对于伤口而言威力较其他毒蛇稍微轻微。被咬后伤者可能会出现即时的突发性虚脱，而且此毒素最显著的效果是令伤者出现凝血异常，产生蛇毒引致凝血功能损耗症，严重者可导致死亡。

红背蜘蛛

红背蜘蛛是澳大利亚特有的剧毒蜘蛛之一，它的原名叫黑寡妇蜘蛛，个头小但毒性大，因其背部有一红色条斑而得名。在澳大利亚特别是乡村地区，每年都有被红背蜘蛛咬伤致命的案例。红背蜘蛛比较喜欢乡村或市郊草木比较繁茂又不太潮湿的地方。被红背蜘蛛叮咬后，开始时很难察觉，5分钟后伤口才开始发热发痛，3个小时左右开始大发作，大量盗汗，肌肉无力、恶心、呕吐、耳鸣、心跳加速或不规则跳动、发烧、痉挛等症状，不及时处理可导致死亡。

不过在其攻击案例中约95％都不会产生严重后果，然而如果不幸被一只红背蜘蛛咬中皮肤较薄的部位，无疑会被极度的疼痛

所折磨。

红背蜘蛛喜欢将网织在一面能面向阳光，另一面比较阴凉的地方，如屋檐下、阴沟等地方。

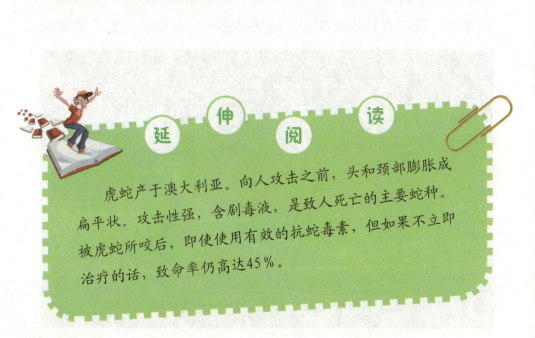

红背蜘蛛还是典型的自食其类者，不但母蜘蛛在交配完后将公蜘蛛吃掉，在生活条件艰难，缺少食物时，它们更是自食其类。红背小蜘蛛的成长完全是靠食其同伴而成长的，完美地表现其强者生存的优化能力。

延 伸 阅 读

虎蛇产于澳大利亚。向人攻击之前，头和颈部膨胀成扁平状。攻击性强，含剧毒液，是致人死亡的主要蛇种。被虎蛇所咬后，即使使用有效的抗蛇毒素，但如果不立即治疗的话，致命率仍高达45％。

新物种中的怪物

撒旦叶尾蜥蜴

撒旦叶尾蜥蜴的颜色为棕色或灰色，伪装能力惊人，会把自己变成黄色、绿色、橙色和粉色。这种蜥蜴白天不活动，只有被打扰时才会动起来。

它们会用嘴巴和直立的尾巴对刺激做出反应。在夜间，蜥蜴会捕猎昆虫。叶尾蜥蜴家族有9个成员，体长0.08米至0.3米不等。

较大的家族成员周身长有须边。当它们在盖有树枝的苔藓和青苔上休息时，很难识别出来。

叶尾蜥蜴擅长伪装，大大的眼睛有助于这种夜间活动的动物捕食，大嘴能咬住体型较大的猎物。这种蜥蜴非常适合在原始雨林生活，它们的伪装技术极具保护性，所以我们今天仍能发现叶尾蜥蜴及其物种。当地人对这种蜥蜴心存恐惧，称之为"魔鬼"。这种蜥蜴受到惊扰后，较大的会张开大嘴，发出吓人的"嘶嘶"声。

这种蜥蜴能逼真地模仿干枯的树叶，可以像一片卷曲的树叶一样借助自己的叶尾卷起自己的整个身体。如果不仔细看，很容易会把它们认作是飒飒秋风中的枯叶。

非洲帝王蝎

非洲帝王蝎是世界上第一大蝎子。亚洲雨林中的帝王蝎外表与非洲帝王蝎极为相似，但非洲帝王蝎体型较大并且粗而圆，螯呈半圆，表面十分粗糙，凹凸不平，尾端的毒针呈现红色。而亚洲雨林帝王蝎体型消瘦，螯较狭长光滑，尾端毒针则呈现黑色或灰色。

非洲帝王蝎为栖息在高温、高湿度的蝎种，黄昏之后才开始有活动。

非洲帝王蝎采主动攻击的方式猎食，它们会悄悄靠近猎物，待进入攻击范围后再用其强壮巨大的双螯牢牢抓住猎物。

由于具备强而有力的巨螯，非洲帝王蝎不太需要用到毒液，因此其毒性并不强。其食物为蟋蟀和其他小型昆虫，但非洲帝王蝎体型颇大，所以它们还会捕食小型哺乳动物，如老鼠等。当抓住猎物后，它们并不直接吃猎物的肉，而是吐出大量的消化酶，把猎物化成肉汤再吸食。当食物不足时，它们还会残杀同类。

孔雀纺织娘

孔雀纺织娘是2006年在圭亚那阿卡莱山脉被发现的。这是一种大型雨林昆虫，它们通常采用两种有效的策略来保护自己不被捕食者捕猎。

乍一看它们好像是一片枯死且部分损坏的树叶，如果受到威胁，它们会立即展示出一对像巨大眼睛一样的斑纹，并开始兴奋地起舞，这就会给攻击者造成一种假象，即它是一只拥有巨头大眼的鸟类，并随时可能会啄向对方。

长鼻树蛙

这种树蛙是科学家于2008年在印尼发现的，它们长着一种很奇特的长鼻子，像小木偶一样会变。这种长鼻树蛙喜欢爬到树

上，在叶子的下面产卵。雄性长鼻树蛙拥有突出的尖鼻子，当它发出叫声时，它的鼻子就会指向上方。但当树蛙不太活跃时，鼻子就会收缩。

食鸟蛛

这种食鸟蛛重约170克，可能是世界上最重的蜘蛛。这一物种被发现于2006年，发现地为圭亚那。

南美洲的热带丛林是食鸟蛛的故乡。它们性喜独处，卵生，一般能活10多年，甚至30年。

食鸟蛛是自然界中最巧妙的猎手之一。它们有喷丝织网的独特本领，在古树枝间编制具有很强黏性的网，一旦食鸟蛛喜食的小鸟、青蛙、蜥蜴和其他昆虫落入网中，必定成为食鸟蛛的口中之食。

食鸟蛛一般多在夜间活动，白天隐藏在网附近的巢穴或树根间，一有猎物落网，它们就迅速爬过来，抓住猎物，分泌毒液将猎物毒死以作为食物。由于食鸟蛛十分凶悍，人类也得提防。

南美树栗鼠

南美树栗鼠被发现于1997年，发现地为秘鲁维尔卡巴马山脉，与著名的印加王朝遗址马丘比丘非常接近。它们的颜色呈浅灰色，特点在于其头部有白色条纹。

吸盘嘴鲶鱼

吸盘嘴鲶鱼被发现于2005年，发现地为苏里南。吸盘嘴鲶鱼的吸盘状嘴巴可以帮助它们吸附于栖息地任何物体之上，即使在湍急的水流中它们也可保持不动。

食木鲶鱼

这种带甲鲶鱼是2006年在亚马孙雨林被发现的，这种鲶鱼利用它们独特的牙齿从没入水中的木头表面啃掉有机物质为食。

根据美国《国家地理新闻》网站报道，这种新发现的食木鲶鱼尚未被命名，是已知10多种能够消化木头的鲶鱼种群之一。

喙蟾蜍

一支由"保护国际基金会"派出的科考队深入到南美哥伦比亚的丛林中，去寻找几种已有数十年未曾出现，被怀疑是否已经灭绝的蛙类。

考察的结果是，还是没有发现那些已经消失不见的种类，但是却在考察过程中意外发现了一些新的物种，其中之一就是喙蟾蜍。

这种蟾蜍体色和枯树叶很像，它属于仅有的几种不经过蝌蚪阶段而直接从卵孵化的蟾蜍种类之一，非常罕见。

这种蟾蜍体型非常小，体长仅有约0.02米，这使得它们很容易躲进枯树叶内，从而避开掠食者。这种蟾蜍最引人注意的特征

是它们长着一个猪鼻子。

雌虎蚁

这种雌虎蚁没有老虎那么大，但是它们在雨林世界的树叶王国里却像老虎一样凶残和危险。这种蚂蚁长约0.25厘米。

它们在爬行的时候，嘴巴总是张得大大的，这样它们可以随时以闪电般的速度捕食较小的猎物。这种雌虎蚁被发现于2009年，发现地为巴布亚新几内亚的马勒山脉。

延 伸 阅 读

发光濑鱼，这种新品种鱼被发现于2006年，发现地为印度尼西亚的西巴布亚。雄性会通过一种惊人的求爱仪式来吸引雌性，它们的身体会周期性地发出彩色光芒。

科学家确认的新物种

豌豆小海马

生物学家在红海和印尼近海海底的珊瑚礁丛中发现了5种新的小型海马，这5种微型海马都非常小，最大的也不超过0.025米，它们是目前已知的最小脊椎动物。

这5种微型海马分别是：瓦里岛矮海马、德贝柳斯矮海马、塞费恩矮海马、萨托米矮海马和庞托赫矮海马。

其中萨托米矮海马身长不到0.0013米，这种海马也是世界上

最小的海马。两只萨托米矮海马将尾巴伸直，总长度才有一个分币的直径那么长。

百转蜗牛

这种马来西亚蜗牛之所以独特，皆因其贝壳能向四面旋转。大多数蜗牛的贝壳紧紧缠绕在一起，形成等角螺线形状。它们以3个轴为中心盘成一圈。但是，百转蜗牛却以4个轴为中心缠绕，这通常是腹足动物的习惯。与此同时，螺环分成了3圈，看上去环环相扣。这种奇特的蜗牛似乎仅仅生活在石灰岩地形：马来西亚霹雳州昆仑喇叭牧区。

自毁棕榈树

这是一种开花后不久即倒下死去的棕榈树，它会开出很多大花。大多数棕榈树一生都会开花结果，但该种棕榈树只开花一次，即结束生命。结了果实以后，也意味着它们的生命走到了尽头。

自毁棕榈树只生长于马达加斯加西北部阿纳拉拉瓦地区，迄今为止，科学家仅确认了不到100株。

身体最长的昆虫

这种竹节虫身体的长度可以达到0.356米，如果加上腿和触须，总长可达到0.567米。这种外形像手杖的竹节虫是在马来西亚婆罗洲被发现的。

最古老脊椎动物

母鱼是已知最古老的产下幼仔的脊椎动物。其化石是在澳大利亚西部菲茨罗伊河附近被发现的。这次极为罕见的科学发现，显示了母鱼在距今大约3.8亿年前产子的情况，令其历史可以追溯至泥盆纪弗拉斯阶初期。

无咖啡因的咖啡树

卡里尔咖啡树是科学家在喀麦隆发现的一种无咖啡因的咖啡树，这是在中非首次发现此类咖啡树。

喀麦隆向来是咖啡属咖啡树多样性的中心，而这样的野生物种可能对育种项目至关重要。比如，卡里尔咖啡树可以用于培育天然的不含咖啡因的咖啡豆。

延 伸 阅 读

发胶细菌是一种新的极端微生物细菌，即适应极端环境条件的种类，但对于其他物种而言，它们根本无法在这种极端环境下存活。

世界近年发现新物种

地下蜗牛

2009年，一个由美国国家地理学会资助的科研小组经过4年的调查，在澳大利亚的地下王国中发现850种新物种，其中包括小型甲壳类、蜘蛛和蚯蚓在内的低等动物，身长约0.013米的地下蜗牛便是其中之一。

新发现的地下蜗牛物种，它们是钉螺家族成员，生活在澳大

利亚心脏地带的地下蓄水层，居住地位于艾丽斯·斯普林斯西北部大约180千米。

黄色染色工雨蛙

在巴拿马西部山区中，研究人员发现了一种新的亮黄色青蛙物种，它属于一个种类丰富的青蛙群——雨蛙，它们没有蝌蚪阶段，直接在卵内发育成小青蛙。这种青蛙大小不到0.02米，是在2010年由爬行动物和两栖动物专家及其同事们实地考察巴拿马西部地区时发现的。

当时，研究人员发现这种蛙的雄性交配鸣叫不同于他们以前听到的所有鸣叫，因而怀疑它们是新物种，经过更多努力才最后确定它们在茂密植被中的位置。

当终于捕捉到第一只时，却发现这只蛙将捕捉它的人的手指

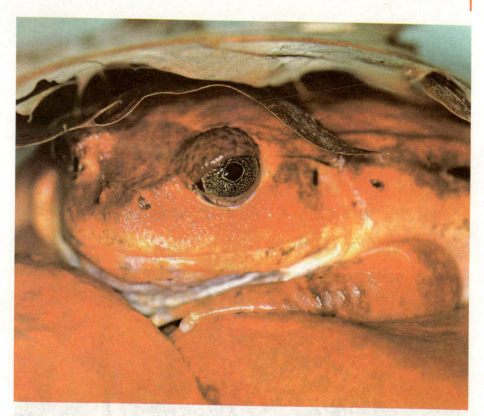

染成了黄色，于是就以这一特点将其命名为黄色染色工雨蛙。为了确证它是新物种，生物学家研究了它们的身体结构、颜色、分子遗传数据和发声法，并与密切相关物种的数据进行比较。

　　另外，考虑到黄色颜色可能有毒，研究人员还进行了皮肤分泌物分析，从中找不到任何有毒成分，也不能确定染料是否是有益于捕食性防御。也许，这种颜色没有特定功能。然而，新物种的这种特性仍难以理解。

用手走路的鱼

　　2010年5月，在澳大利亚海岸发现9种新手鱼，包括"粉红手鱼"和"黄鳍长手鱼"，手鱼是通过形状像手的鳍在海底快速行走的。但是，它们可能不会存活太久，手鱼极易受环境的影响，如水温和污染，因此，它们正在快速消失。

这种粉红色长手鱼身长约0.1米，是一种非常罕见的鱼类，迄今为止只发现4条，均是在澳大利亚塔斯马尼亚岛的霍巴特周围区域捕获的。

竖琴海绵

2012年，海洋生物学家在美国加州海底发现竖琴海绵，它们的外形结构颇似一个竖琴。

来自美国加州摩丝码头的蒙特利湾水族研究所的研究小组发现加州北部海域生活着一种奇特的深海掠食者，它们被命名为竖琴海绵，这是因为它们的基础身体结构类似于竖琴。

这种海绵枝状分肢覆盖着倒钩刺，能够诱捕小型甲壳类动物，之后用纤薄的体膜将猎物包裹起来，缓慢地将猎物消化。从事这项研究的科学家认为竖琴海绵生活在海底深处，进化形成独特的枝状结构，从而增大接触洋流的身体面积，增大捕获猎物的概率。

数十只眼睛的新物种

当一只长了数十只眼睛的黄色怪物盯着你的时候，你多半会惊声尖叫。在英国一处自然保护区内就有这样一只怪物现身，不过由于它

体形娇小，发现者不但没有感到惊恐，反而觉得它非常可爱。

2012年7月，英国贝德福郡、剑桥郡和北安普敦郡联合野生动物基金会首席执行官埃弗夏姆在剑桥郡的一处自然保护区内草丛中发现了一只从未见过的黄色扁形虫。仔细看过之后，发现在它仅仅0.0012米长的小身板上竟然"塞进"了五六十只眼睛。

瓢虫新物种

2012年10月，科学家称他们发现了一种可将自己头部像乌龟一样缩回身体内部的瓢虫新物种。据了解，该新物种是由一名来自美国蒙大拿州立大学往届昆虫学毕业生罗斯·温顿发现的。这只昆虫被他在蒙大拿州西南部沙丘上所设的圈套中捕获，起初温顿还以为这只小巧的古铜色昆虫仅是一只无头的蚂蚁或臭虫。

但是，经过检查发现，这只身长仅0.001米的昆虫竟是一只雄

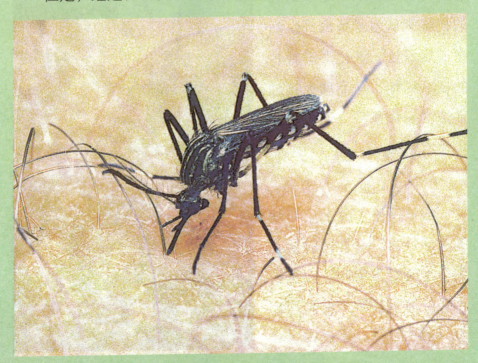

性瓢虫,并且它并不是没有头部,而是头部缩在了其胸腔内的一根管状物内,就像乌龟将头部后半部分缩进龟壳中一样。

科学家们还发现,据悉,此前也在距美国爱达荷州90英里的地方发现过类似的雌性臭虫,温顿的发现使研究人员确认了这两类样本属于同一个物种,并将其命名为Allenius iviei。

据蒙大拿州立大学昆虫学者迈克尔-艾维(Michael Ivie)称:"这种小物种仅有两种个体,一种为雄性,一种为雌性,他们有资格被誉为美国最罕见的物种。该物种十分不寻常,不仅因为他们身形小巧,独特的生活习惯以及其罕见程度,更是因为他们可以将头部收缩回胸腔内的管状物,这在生物学中是十分神秘的。"

章鱼新物种

2007年7月,澳大利亚墨尔本大学科学家们发现4个南极新章鱼物种,这些章鱼身上所携带的防冻毒液能够保证它们在零度以下的南极海域中生存。

长期以来,科学家们一直都知道南极地区有章鱼生存。但是,令科学家们惊讶的是,当地章鱼物种同样存在生物多样性,从两英寸(约合5.1厘米)长的小章鱼到大型章鱼,品种很多。

墨尔本大学科学家弗雷认为:"进化选择的压力慢慢地改变了它们的毒液,这种毒液可以帮助它们逐渐向越来越冷的海域拓展生存空间,最终适应了这种极冷水域。"对于这种毒液,科学家们还希望发现其药用价值。

狐猴新物种

2010年12月,在马达加斯加发现了一种有趣的叉斑狐猴。这

种不停"点头"的狐猴很有可能是狐猴的一个新物种。这种动物的头部不停地上下晃动，就好像在点头一样，另外它们还有一副大嗓门。

目前已知的叉斑狐猴根据身上颜色的不同分为4个物种，而所有叉斑狐猴的共同点是头上都有黑色Y型线条，两条黑线从眼睛上方开始，一直延伸至头顶的位置相交，形成了一个"Y"型。目前科学家们正在对这个新发现的物种进行基因测试，测试结果将显示它到底是不是第5种类型的叉斑狐猴。

"这又将是一个来自马达加斯加的杰出发现，这里是世界上最能体现生物多样性，也是地球上最不寻常的地方之一。"里特迈尔在声明中说，"我们在这里继续寻找叉斑狐猴新物种，以及其他新动植物物种的意义是非凡的，这个国家受到相当严重的环境问题影响，已经失去了百分之九十甚至更多的原生植被和动物物种。"

乔科皮带蛇

2012年，在厄瓜多尔西北部的乔科山区热带雨林里，研究者们发现一种未知的钝头蛇物种，之后该物种被正式命名为"乔科皮带蛇"。

这种蛇长了一对大眼睛，但是头部极小，再加上如长绳般的身体，乔科皮带蛇的身体比例非常奇怪。这种夜行的蛇靠捕食青蛙和蜥蜴为生。这种蛇的栖息地应该是在墨西哥和阿根廷附近，它们和其他种类的蛇不同之处就在于特别纤细的身体，不成比例的细脖子，大眼睛和钝头。

这种蛇的头部和颈部特别小的原因，和它们的栖息地以及捕

食习性有关——它们生活在树上，需要用自己后半段身体的重量来支撑，将前半段身体摆到半空中去。同样，捕食时它们用身体底部缠住树枝，然后用余下的部分去捕获猎物。这种蛇具有轻微的毒性。

从DNA检测结果看，这种物种在之前从来就没被发现过——和它们最亲的近亲生活在安第斯山脉的另一端的亚马孙河流域。

延 伸 阅 读

　　2012年9月，研究人员在非洲发现了一种长着"猫头鹰脸"的新的猴子物种。它们最早被发现于2007年，刚果民主共和国一名小学教师捕捉了该物种的一个年轻雌性个体并在家中养着。这种动物类似一种猫头鹰面猴，但它们屁股的颜色与现在已知任何物种都不相同。

我国近年发现新物种

天门山杜鹃

　　天门山杜鹃是湖南省森林植物园、中南林业科技大学、天门山国家森林公园于2006年合作研究发现，并用"天门山"命名的植物新种——天门山杜鹃。

　　其与雪山杜鹃相似，但又有很大差异。隶属于常绿杜鹃组、大理杜鹃花亚组，该亚组是在湖南首次出现。

　　天门山杜鹃分布在湖南张家界天门山森林公园，为常绿灌木或小乔木，高2米至4米，当年生小枝黄褐色，无毛。叶革质，长圆状椭圆形。花常5朵至7朵组成短总状花序顶生，花萼小，杯状。花期为4至5月，果期为8至9月。

北京宽耳蝠

2007年，华东师范大学生命科学学院教授张树义与中国科学院动物研究所博士研究生张劲硕、韩乃坚和一些外国摄影师在北京房山一处洞穴内摄影，突然发现了一群不同的蝙蝠，便带回了研究所，确定了一个哺乳动物纲翼手目新种，并将其命名为北京宽耳蝠。

该成果发表在《哺乳动物学杂志》上。这是迄今为止唯一一种以北京命名的兽类，也是第一种由中国人命名的蝙蝠。

据统计，中国人迄今为止命名并得到国际承认的哺乳动物只有10余种，而其中部分种类目前还存在争议。在发现和命名北京宽耳蝠之前，在全世界被发现的1100多种蝙蝠中，还没有中国人命名的种类。

宽耳蝠属是哺乳纲翼手目蝙蝠科下的一属，共包含3个物种：

欧洲宽耳蝠、亚洲宽耳蝠和北京宽耳蝠。北京宽耳蝠比另外两种宽耳蝠体型大；耳朵外缘的耳突呈拱形突起，而欧洲宽耳蝠的耳突呈纽扣状，亚洲宽耳蝠则没有耳突；牙齿方面，北京宽耳蝠上齿列的第二前臼齿几乎与其第一臼齿等大，甚至稍宽，比欧洲宽耳蝠和亚洲宽耳蝠的第二前臼齿要大且强壮；回声定位叫声方面，北京宽耳蝠的超声波主频比其他两种略低。

　　由于新种的发现地位于北京市房山区霞云岭乡，因此该地成为新种的模式标本产地。仅在北京房山区的洞穴和隧道内发现北京宽耳蝠，有北京宽耳蝠存在的洞穴数量很少，即便有通常也只是一群，而每一群只有三五只。因此，估计北京宽耳蝠的种群数量十分稀少。

草原鼠兔

据新疆维吾尔自治区治蝗灭鼠指挥部高级农艺师沙依拉吾介绍，2008年9月4日，他们在克拉玛依市郊的加依尔山区进行鼠类调查时，在海拔1533米的圆柏灌木丛中意外捕获两只陌生种类的老鼠。

一只为当年出生的雄性个体，一只为越冬的雌性个体。返回乌鲁木齐市后，相关人员立即将标本送到自治区疾病预防控制中心进行鉴定。经几位专家半年多的研究鉴定，两只老鼠为草原鼠兔，是我国首次发现的兔目新物种。

最早记录我国境内分布有草原鼠兔的是一位俄罗斯学者。这次发现说明，草原鼠兔分布可能遍及新疆维吾尔自治区塔城地区的山地，只是数量稀少，不易被发现。

草原鼠兔属兔目动物，鼠兔科，原产阿富汗，我国内蒙古、甘肃、青海和西藏等省区分布有多种草原鼠兔的近亲。草原鼠兔一般体型较小，在亚洲栖息于海拔1200米至5100米之间。挖洞或利用天然石缝隙群栖。白天活动，常发出尖叫声，以短距离跳跃的方式跑动。不冬眠，多数有储备食物的习惯。

轮叶三棱栎

2012年1月中旬，华南农业大学、香港嘉道理农场暨植物园、海南省鹦哥岭自然保护区专家和科研工作者40多人，深入到海南鹦哥岭核心区马或岭一带原始热带雨林，进行了为期一周的科学考察。科考人员在这里意外发现轮叶三棱栎大群落种群，有些植株直径达一米以上，十分罕见。三棱栎进化特征较独特，有

一定科学研究价值。鹦哥岭海拔在1000米以上，具有较大面积的台地和人为破坏较少，可能是该种群得以幸存的重要因素。

鹦哥岭山脉位于海南岛白沙、乐东、琼中和五指山四市县交界处的中南部地区，野生动植物资源十分丰富。

蜘蛛新物种

2012年10月5日，在贵州省遵义市绥阳县双河洞进行科考的专家们，在洞内发现了一种蜘蛛新物种。"这种物种，是类球蛛科小类球蛛属物种，这种新生物的生殖器结构，和其他物种不一样。"专家说，这是它成为新发现物种最有力的证据，目前该物种还未被命名。

此外，科学家们还在水洞里发现了透明蝌蚪。贵州省生物研

究所一位专家指出："这种蝌蚪,是我国特有的两栖类红点齿蟾蝌蚪。"这种蝌蚪长成青蛙后,腹部两侧会有红点,因此得名。

中华攀雀

2012年5月,辽宁省庄河北部山区发现一个新的物种——中华攀雀,中华攀雀是山雀科攀雀属的小型鸟类。该物种已被列入国家林业局2000年8月1日发布的《国家保护的有益的或者有重要经济、科学研究价值的陆生野生动物名录》,分布于俄罗斯的极东部及我国东北,迁徙至日本、朝鲜和我国东部。

中华攀雀一般栖息于近水的苇丛和柳、桦、杨等阔叶树间,主要以昆虫为食,也吃植物的叶、花、芽、花粉和汁液。捕获猎物的方式和一般山雀相同。

　　值得注意的是，中华攀雀被称为鸟类建筑大师，是鸟类中的能工巧匠，筑巢技艺令人叫绝，它的吊巢不需要任何支撑点，整个巢穴凌空系在树梢头，悠悠地在空中晃荡。

　　在庞大的鸟类社会里，攀雀种类非常少，即使算上所有的亚种，也只有白冠攀雀、中华攀雀、欧洲攀雀等10余种。

延伸阅读

　　2010年10月，科学家在缅甸北部的一个中国大坝项目工地附近，发现了一种之前从未有人见过的金丝猴。这种金丝猴全身呈黑色，拥有白色的耳朵及胡须，经常在雨天中活动。研究者认为它是不同于现有金丝猴的全新物种。

海洋生物家族新物种

独一无二的海洋蜗牛

这种蜗牛发现于日本海岸附近的海底火山，外壳覆盖一排排细细的毛发，是迄今发现的此类蜗牛种类中唯一的一个。这个尚未命名的海洋蜗牛是海洋生物普查发现的多个新物种之一。

新类型的海洋蜗牛被发现于深海热泉，即极端压力、高温和永远黑暗之地。以生活在其腮下的共生细菌为食。

珊瑚新种类

2009年11月，在海洋生物普查项目科学家对澳大利亚赫伦岛附近珊瑚礁研究期间，他们发现了这种外形像一簇卡通花朵的新种类珊瑚，它们属于珊瑚和水母的近亲。

美国国家自然历史博物馆海洋生物学家南希·科诺尔顿表示，虽然热带珊瑚礁是被科学家研究最多的海洋生物栖息地之一，但仍然有大量物种未被发现。

科诺尔顿还是"海洋生物普查"珊瑚礁普查项目科学家。她指出："这次为期10年的普查表明，珊瑚礁比我们想象的类型还多样。"

有"育儿袋"的原足目动物

这种像虾一样的微小生物被发现于澳大利亚的大堡礁，属于原足目动物。据海洋生物学家科诺尔顿介绍，这种原足目动物体长不超过0.013米，具有像袋鼠一样的"育儿袋"，相比于相对出名的鱼类和珊瑚，它是未被研究过的诸多奇异小生物群落之一。

冰海天使

2005年的一次远征北冰洋的海洋生物普查，捕获了一个"冰海天使"，它生活在水下大约350米。

科学家曾在2009年12月表示，不管它的绰号怎么叫，这个小天使显然根本不在意展露少许的肌肤：实事上它是一种没穿外壳的裸体蜗牛。

美国加州大学的生物学家格蕾琴·霍夫曼在2008年的一份声明中曾说，这种海洋蜗牛——大多数只有一个扁豆大小——是许多海洋物种的食物，可以说是海洋里的"炸薯片"。

令科学家们震惊的是，海洋生物普查发现了数百种同时生活在南北两极的物种，冰海天使便是其中之一。

蠕虫新物种

当海洋生物普查项目科学家发现它时，这个毛发竖立、身体分节的潜在蠕虫新物种正在日本海湾以下约925米处享用一条死鲸。据科学家介绍，当许多鲸鱼死去，沉于海底时，它们会向深海喷射营养物，吸引独特的食腐动物前来，其中包括许多科学家不知道的动物。

圣诞树蠕虫

只要被轻轻一碰，这些"圣诞树蠕虫"就会飞速缩回洞里，速度之快令人超乎想象。这是圣诞树蠕虫的防御机制，它们中的大多数栖身在活珊瑚上挖出的"地道"里。

圣诞树蠕虫的彩色螺旋其实是高密度呼吸结构，它们没有专门为运动和游泳的附属肢体，不能游到管子外面去。它们有两个很漂亮的冠，让它们看起来就像一棵圣诞树，圣诞树蠕虫也因此而得名。那些冠其实是它们的嘴，很敏感，即使是影子它们也会马上有反应。

这些迷人的圣诞树蠕虫有很多种颜色，黄的、橙的、蓝的、白的都有，广泛分布于世界各地的热带海洋。

胖头杜父鱼

位于悉尼的澳大利亚博物馆称，这条胖头杜父鱼是2003年在新西兰的一次海洋生物普查中被发现的，他们亲切地给它起了个绰号"松胖先生"。

胖头杜父鱼，以它们巨大的球形头部和软塌塌的皮肤得名。它们生活在大西洋、印度洋和太平洋约100米至2800米之间的区域里。胖头杜父鱼现保存在澳大利亚博物馆的溶液中，博物馆网站指出，它的鼻子现在已经皱缩，将"不再拥有'可爱'的形象。"

乌贼蠕虫

2007年，科学家操作一台远程遥控潜水器对菲律宾附近深海进行了扫描，发现了一种外形奇异的蠕虫，看上去既像乌贼，又像是正在吃乌贼的蠕虫。

这种全新蠕虫接近0.09米，因其看上去像覆盖触毛的头部而获得了这一名称。它的前端布满8条手臂，每条手臂都与其全身一样长，用于呼吸，两个长而松散卷曲的附肢用于捕食。

乌贼蠕虫还有6对覆盖羽毛的感觉器官，统称为"鼻子"，这些鼻子从其头部突出来。这种新蠕虫全身上下彩虹色的"短桨"则用于滑行。

深海小飞象

这种深海小飞象被发现于2009年，是一种深海"飞行章鱼"，它们看上去有一种浑身长满耳朵的感觉。事实上这些突出物是它们的鳍，帮助它们在海下约1600米漆黑的环境中向前推进。

在向大西洋中脊远征进行海洋生物普查期间捕获了一只深海小飞象，它是普查中发现存在的数千种此前不为人知的物种之一。它长约2米，重约6000克，是目前发现类似章鱼的烟灰蛸属软体动物物种中体型最大的。

水母新物种

这种2005年发现的管水母新物种，是一种群体动物。由大量同类动物组成，例如泳钟、泳鳔，占一半以上，为这个"部落"提供推动力。

在2009年的一次海洋生物普查远征中，观察到的大量管水母

生活在300米至1500米的深水中。专家们说，管水母可长达约3.1米，有些管水母是深海中的巨无霸。在一次海洋生物普查远征时发现的婴儿版滑板龙虾，尽管它们成长的时候会包着一层厚厚的外壳，但它们仍是完全透明的。

延 伸 阅 读

　　深海水螅虫这个新物种最早被发现于西班牙加的斯湾，它们在那里十分普遍。海洋生物普查项目科学家通过进一步研究发现，这个物种还生活在大西洋东北部的深海。这些水螅虫常常吸附于深海碳酸盐烟柱和珊瑚残骸中，在纤细、分叉的群落共同生长。

紫蛙是如何被发现的

发现紫蛙

紫蛙是自然界中堪称活化石的动物，它们是在2003年10月17日，在印度喀拉拉邦高止山脉西部被科学家发现。对于科学家来说，高止山脉是研究生物多样性的热点地区。

这种奇怪蛙类的发现者把这项发现刊登在《自然》杂志上。

他们在杂志中指出："通过这项研究，我们发现一种生活在白垩纪恐龙时代的蛙科可能有许多分支种类，目前我们仅发现在塞舌尔的4个种类，以及新近在印度发现的一个种类。"

　　经DNA分析表明，这种蛙不仅是早先未曾发现的蛙类，而且还隶属于一个未知蛙科。目前，人们发现世界上有4800种蛙类，隶属29个蛙科。

紫蛙的特征

　　紫蛙体长0.07米左右，比普通青蛙略大而且显得比较肥胖，通身呈亮紫色，不同于其他蛙类的显著生理特征，是紫蛙的眼睛非常小，而且吻部突出像个猪鼻子，所以紫蛙又叫"猪吻蛙"。

　　紫蛙之所以这么晚才被发现，归因于它独特的生活习性，这种动物常年生活在4米以下的地下，到了繁殖季节才爬到地面上寻求配偶，而且暴露在光天化日之下的时间不超过两个星期，再加上它体们色暗沉不易被发现，所以直至21世纪才走进动物科学的记录。

紫蛙栖息于地下潮湿的环境中，以白蚁和其他穴居昆虫为食，视力已经严重退化，主要靠嗅觉和听觉捕捉猎物。关于紫蛙的交配繁殖，科学家知之甚少，只知道它们在池塘和河流中交配，而蝌蚪孵化为紫蛙后不久就爬入地下生活。

紫蛙的目前状况

紫蛙属于一个仅存于塞舌尔群岛的蛙类。塞舌尔群岛大约在一亿年前同印度次大陆分离。物种历经数百万年进化，几乎没有

任何变化。也许，在幸运之神的眷顾下，纵然人类灭亡了，这些活化石仍会存在下去。

紫蛙是一个非常古老的物种，DNA分析表明，紫蛙的祖先在1.75亿年前就已经和恐龙各领风骚了。而且它还隶属于一个迄今未知的蛙科，与现有29个蛙科中的4800多种蛙类格格不入。

延 伸 阅 读

紫蛙生活在高止山脉海拔850米至1000米的少数地区，数量极其稀少，目前仅发现135只，其中仅有3只为雌性。当地咖啡、生姜和豆蔻等植物种植园的不断开辟，是威胁紫蛙生存的主要原因，目前紫蛙已受到国际动物保护组织的密切关注。

皱鳃鲨是何时的物种

发现皱鳃鲨

2007年1月21日，日本栗岛海洋公园的工作人员接到渔民的报告，说他们在海洋中发现一只怪物。工作人员随即赶到现场，发现这头奇异的动物长有1.6米。

经过确认，这是一种名为皱鳃鲨的远古时代鲨鱼。据悉，皱鳃鲨平时生活在深海水中，数十亿年来几乎没有发生大的物种变异，素有"海洋活化石"之称。

栗岛海洋公园的工作人员称："这头皱鳃鲨被发现时身体状况非常糟糕。发现之后，工作人员很快就将它放进了专门的海水

池中，并用摄像机对它游泳以及张开嘴巴等动作进行了拍摄。"

这种鲨鱼一般生活在600米至1000米的深海中，而人类则很难到达如此的深度。工作人员认为，这头鲨鱼之所以会浮出了水面，很可能是因为它生了病，或者是因为附近的水面太浅的缘故。非常可惜的是，这头皱鳃鲨在被放入人工海水池后，不久就死亡了。

皱鳃鲨的外形特征

皱鳃鲨体长1.5米左右，雌鲨最长可达近两米。和普通的鲨不一样，皱鳃鲨的口不是附着在下方，而是在前方，吻极短。上下颌牙同形。每牙具3个长齿尖，侧面的线纹成沟状，鳃孔有6对，牙齿成"山"字形，很像约在4亿年前出现的鲨的祖先——枝齿鲨。

这种鲨鱼有一个非常容易识别的身体和类似尾部的鳍，身体延长呈鳗形，吻部极短，眼睛没有瞬膜。在这种鲨鱼的身体两侧有6条鳃裂，鳃间隔延长而褶皱，而且相互覆盖，所以命名为"皱鳃鲨"。最前面的一条鳃裂延伸到喉咙的下方，在鳃的边缘还有类似于皮肤的细长片。背鳍只有一个，位于臀鳍后上方，小于胸鳍。尾鳍宽长，末端较尖。

皱鳃鲨的生活习性

皱鳃鲨栖息于较深海中，大多在水深600米至1000米的地方出没。雄鲨有极发达的鳍脚。春天受精，卵囊一端突起，发育在母体内进行，幼鲨在夏季出生。据说它的怀孕时间特别长，需要一两年，每胎只能生8条至12条小鲨鱼。幼鲨出生时约为0.4米。

皱鳃鲨满口的三角牙证明皱鳃鲨是凶猛的捕食者，但科学家认为它不会攻击人类。和深海里的其他鲨鱼相似，皱鳃鲨的牙齿也像针头一样。皱鳃鲨主要以其他鲨鱼、鱿鱼和硬骨鱼为食。

科学家质疑的皱鳃鲨历史

皱鳃鲨是一种史前品种的深海鲨鱼，截止到2012年科学家在

皱鳃鲨研究方面仍存在着很大的争执——它们究竟是3.8亿年前还是0.95亿年前的远古物种。这还是一个没有解开的谜。

目前人们仅发现两条皱鳃鲨，都是在日本海岸附近发现的，时间是19世纪末和2007年。与很多深海动物一样，皱鳃鲨在来到海面后不久便死亡了。

延 伸 阅 读

皱鳃鲨主要生活在挪威到南非的大西洋东部，日本到澳大利亚的西太平洋以及从美国加利福尼亚到智利南端的东太平洋地区。

腔棘鱼真的灭绝了吗

腔棘鱼成为活化石

腔棘鱼是世界上最古老的鱼种之一，也通常被看做是一种活化石。据有关资料记载，早在4亿年前，这种腔棘鱼就先于恐龙出现了。等到恐龙灭绝后，因为人们在很长一段时间都未再见到过它们的踪影，于是便认为它们也随着恐龙一起消失了。

但是，从1938年开始，腔棘鱼的后裔矛尾鱼的踪影被人类陆续发现，从此腔棘鱼便被称为"恐龙时代的活化石"。

腔棘鱼是如何被发现的

1952年12月10日，在位于非洲东海岸与马达加斯加岛之间的科摩罗群岛附近捕捉到一条活着的腔棘鱼。其后至1955年7月，在科摩罗群岛近海150米至270米的深处，共捕捉到15条这种鱼。

基于上述事实，那些将信将疑的学者们终于相信腔棘鱼存在的事实。德国一位科学家还在科摩罗群岛附近的西印度洋水深近200米处拍摄到6条腔棘鱼照片。长约1.5米的腔棘鱼时而倒立，时而仰游，时而倒游，还做出一些其他不平常的动作。

乍看，它们全身的鳍在没有规律地摆动，好像在跳"迪斯科"，仔细观察才发现，它们的每个动作都是密切配合的，犹如骏马奔腾时四蹄协调一样。

腔棘鱼的生活习性

腔棘鱼属夜习性动物，白天都躲藏在170米至230米深的洞窟里，研究发现经常会有很多条腔棘鱼一起在同一个洞窟里的情形，是否有群居性及彼此会不会进行沟通等都尚未被解明。

腔棘鱼主要用其尖锐的牙齿紧紧咬住猎物，它们只会捕捉口部正前方的猎物，不会左右巡回寻找食物，像这种依赖偶然性的狩猎方式的成功率很低。所以它们在攻击时，动作敏捷又准确，并且能在短时间加速，在猎物来到眼前的瞬间腔棘鱼就已经抓住它了。它们主要捕食的对象是深海鱼类。

腔棘鱼如何生存至今

腔棘鱼是错过了其祖先向两栖动物进化的机会而遁入海底的那部分鱼的子孙。腔棘鱼起初是生活在淡水中的，后来随着地理、气候等环境变化，一部分爬上陆地，向两栖类动物进化；而另一部分则移往海中，在深海的底部安家。

由于深海水温几乎不变，水流也很缓慢，既没有陆地上那样剧烈的环境变化，也没有像陆地那样有那么多敌害，环境十分安

定，进化的必要性不大。所以它们才跨越巨大时空，以几乎是原始的形态幸存。英国史密斯博士经过14年的苦苦追寻，终于在科摩罗群岛捕获了活的腔棘鱼。腔棘鱼成了生物进化史上的活见证。为什么大量腔棘鱼都被淘汰，而为数极少的却活了6500万年而没有灭绝呢？这还没有人能够给出答案。

延 伸 阅 读

　　腔棘鱼是肉鳍鱼，胸鳍及臀鳍都是肉质的，尾巴及背鳍分叉成三叶，脊索延伸至中叶。它们有独特的层鳞，与真正的层鳞相比较薄。它们头颅骨前端有一种特别的感电器，称为吻部器官，应该是用来帮助感应猎物及平衡身体的。

鸭嘴兽的奇特之处

鸭嘴兽四不像的外貌

在澳大利亚生活着一种奇特的哺乳动物——鸭嘴兽。说它奇特，是因为地球上确实不存在一种比鸭嘴兽的外貌更加四不像的动物，也没有任何一种动物像鸭嘴兽一样引起过众多的学术争议。以前，科学家们根本不相信有鸭嘴兽这种动物存在，因为它们的长相实在古怪，既像爬行动物，又像哺乳动物，还有点像鸟类。

鸭嘴兽常常在半明半暗的黎明或黄昏，从河边的地洞里钻出来。它们那扁扁的嘴就像鸭子的嘴一样。不同的是，鸭嘴兽的嘴有

传递触觉的神经，可以弯曲，对振动也很敏感，并不像鸟类的喙是坚硬的角质。鸭嘴兽那对又小又亮的眼睛长在头的高处，不仅可以看清两岸，还可以扫视天空。连着眼睛向后伸展的两道沟纹就是它们的耳。鸭嘴兽的耳没有耳壳，这可以帮助它们适应水中的生活。

在鸭嘴兽胖胖的身体外面披着一层褐色而有光泽的密毛，这种毛入水时不会透水，出水时也不会被水濡湿。它们身体后面的大尾巴扁平而又有力，起着舵的作用，可以帮助它们快速潜泳。鸭嘴兽的四肢又短又粗，五趾间有蹼，特别是前肢的蹼非常发达。在陆地上的时候，它们会把蹼合起来。而当它们一旦进入水中，就会把厚蹼展开，活像是几个大桨。在雄性鸭嘴兽后腿上还有一个弯曲的毒具，和蝰蛇的毒牙很相似，带有致命的毒液。

鸭嘴兽如何捕食

鸭嘴兽在捕食的时候会紧闭双眼，擦着河泥向前行进，依赖感觉敏锐的嘴去寻找食物。大概一两分钟后，它的面颊里就会装满食物。这时，鸭嘴兽就会浮出水面，睁开眼睛，贪婪地享受美味。鸭嘴兽最爱吃虾、蚯蚓、昆虫的幼虫以及软体动物。鸭嘴兽的胃口很大,每天至少要吃掉上千条蚯蚓和几十只小龙虾。

鸭嘴兽如何哺育后代

鸭嘴兽让人感到奇特的另一个原因就是:它虽然属于哺乳动物,但却是下蛋的。鸭嘴兽的蛋需要10多天的孵化,幼兽就出世了。起初幼兽并不进食,但过不了几天,鸭嘴兽妈妈就会用自己的乳汁来喂养它的小宝宝。仅从卵生这一点来看就不难知道,鸭嘴兽作为哺乳动物是相当原始的。刚刚孵化出来的幼仔非常柔弱,眼睛还不能睁开,浑身无毛,完全依赖母乳喂养。鸭嘴兽有乳腺,却没有乳头。在它腹部有个"袋子",分泌的乳汁经由内侧皮肤上的小孔流出,供幼仔舔食。

母乳喂养持续三四个月后,鸭嘴兽妈妈会短时间外出觅食,随着小宝宝的不断长大,鸭嘴兽妈妈外出觅食的时间会越来越长,直至幼兽能从洞口爬出自己觅食。

鸭嘴兽为何生存千百万年

其实鸭嘴兽的祖先早在1.8亿年前的侏罗纪就出现了,那时它们分布很广。可是到了后来,许多更加先进的哺乳类动物大量繁

殖，像鸭嘴兽这些古老的动物就逐渐灭绝了。

但是，生活在澳大利亚大陆的动物却非常幸运。由于地壳运动，澳大利亚大陆同其他大陆分开了。所以，后出现的哺乳动物就不能到达这块地方。鸭嘴兽的祖先就得以在此生息繁衍，并且一直保存着原始的生蛋的状态。

鸭嘴兽是原始哺乳类动物，在经历了千百万年的沧桑变化后而生存下来，实在是一个奇迹。科学家通过解剖发现，鸭嘴兽的大脑比较发达、机警，能很好地适应环境，其自我防卫能力也是相当强的。

延 伸 阅 读

鸭嘴兽体长一般不到半米，体重2000克左右。其栖息在河流、湖泊中，为水栖动物，往往成群活动。它们在河边用爪挖土建巢，造得非常精致。白天大部分时间待在里面，夜晚出来觅食。

有四只眼睛的鲎

四眼活化石鲎

鲎，俗称"三刺鲎"、"两公婆"、"海怪"，因其长相既像虾又像蟹，因此人们又称之为"马蹄蟹"，是一类与三叶虫一样古老的动物。鲎的祖先出现在地质历史时期古生代时期，当时恐龙尚未崛起，原始鱼类刚刚问世，随着时间的推移，与它同时代的动物或者进化，或者灭绝，而唯独鲎从4亿多年前问世至今仍

保留其原始而古老的相貌，所以鲎有"活化石"之称。

鲎有4只眼睛，头胸甲前端有两只小眼睛，小眼睛对紫外光最敏感，说明这对眼睛只用来感知亮度。在鲎的头胸甲两侧有一对大复眼，每只眼睛是由若干个小眼睛组成。

人们发现鲎的复眼有一种侧抑制现象，也就是能使物体的图像更加清晰，这一原理被应用于电视和雷达系统中，提高了电视成像的清晰度和雷达的显示灵敏度。为此，这种亿万年默默无闻的古老动物一跃而成为近代仿生学中一颗引人瞩目的"明星"。

美洲鲎分布于墨西哥湾沿尤卡坦半岛到美国的缅因州沿岸。南方鲎，分布于印度、越南、新加坡和印度尼西亚。圆尾鲎，分布于印度、孟加拉、泰国和印度尼西亚，我国广西钦州地区沿海也有分布。

"海底鸳鸯"的美称

鲎为暖水性的底栖节肢动物，栖息于20米至60米水深的砂质底浅海区，喜潜砂穴居，只露出剑尾。它们经常以小型甲壳动物、小型软体动物、环节动物、星虫和海豆芽等为食，有时也吃一些有机碎屑。中国鲎在我国福建沿海从4月下旬至8月底均可繁殖，自立夏至处暑进入产卵盛期。大潮时多数雄鲎抱住雌鲎成对爬到沙滩上挖穴产卵。每当春夏季鲎的繁殖季节，雌雄一旦结为夫妻，便形影不离，肥大的雌鲎常驮着瘦小的丈夫蹒跚而行。此时捉到一只鲎，提起来便是一对，故鲎享"海底鸳鸯"之美称。

像宝剑一样的剑尾

从外表上看，鲎的整个身体就像一个瓢，全身棕褐色，灰不溜秋的，唯独有一个长长的，好像剑一样的尾巴，其他就没有什么特别之处了。其实，鲎的身体仔细看可以分为头胸部、腹部和剑尾三部分。在头胸部长有6对足，其中后5对围绕在嘴巴周围，当它吃东西的时候，这5对足就像"牙齿"一样，帮助它咀嚼食物。在鲎的腹部长有坚硬的腹甲和腹足，这样它不仅可以用胸足在泥沙上爬行，还可以利用腹足在水中自由自在地游泳，并且借助剑尾的帮助钻入泥沙中。鲎那长长的剑尾不仅是一种有力的工具，还是它防御

敌害的有力武器。坚硬的剑尾就像宝剑一样，可以刺入敌害的身体，给敌害重重的一击，致敌害于死地。

蓝色的血液

鲎的血液竟然是蓝色的。我们人类和大多数动物的血液是红色的，这是因为在我们的血液当中含有铁离子，当铁离子和氧结合后，形成血红蛋白，使血液呈红色。而鲎的血液当中含有铜离子，当铜离子和氧结合后，形成血蓝蛋白，使血液呈蓝色。这种血液应用于医学当中，能马上检查出病人是否有细菌感染，能为急症病人的诊治作出快速诊断。

延 伸 阅 读

鲎从拇指大小长至成年要15年，雌鲎要蜕壳18次，雄性19次。幼鲎没有剑尾，身体纵分成中央和两侧3个部分，很像三叶虫的幼虫，所以被称作三叶虫幼虫。这也说明鲎与三叶虫有着亲缘关系，同样是研究动物进化史的珍贵材料。

海洋中的活化石

鹦鹉螺为何被称为活化石

鹦鹉螺属软体动物头足纲，早在5亿多年前就出现了，分布在全球范围内有350多种。与它同类的章鱼、鱿鱼、乌贼等在进化发展中身体发生了很大的变化，它们的外壳有的转入身体里面。

可是唯独鹦鹉螺的壳自从演变成现在的模样后就没有多大变化，它是现存软体动物中最古老、最低等的种类，也是研究古生物与古气候的重要材料，因此有"活化石"之

称。鹦鹉螺稍有变化的是它们的生活环境从原来的浅海移居到200米至400米的深海中。白天在水下，晚间才浮出水面。

鹦鹉螺奇妙的结构

鹦鹉螺的足在头部，所以称"头足类"，它们依靠身体前的几十只触手搅动水流进食。如果鹦鹉螺要做前后水平运动是靠吸水排水；要做上下垂直运动则靠的是壳内众多的气室间有一根充满血液的连接小管，充满气体就上升，排下沉。鹦鹉螺的气室是一间一间形成的，最外边的一的，也是最大的，最多的有38间。鹦鹉螺壳的构造不坚固，能够承受2000千克的压力。

鹦鹉螺的精密构造也是造物的奇迹。人类模仿吸水的上浮、下沉方式，制造出了第一艘潜水艇一艘核潜艇也命名为"鹦鹉螺号"。

鹦鹉螺有海底天文学家之称

鹦鹉螺气室上有许多环纹称为生长线。同一个时代的鹦鹉螺化石，其生长线数目是一样的。但是，这些生长线数目随年代的不同而变化，通研究鹦鹉螺化石发现，从远古至现在，生长线数目越来越多。据研究，生长线的数目与当时月亮绕地球一周所需要的天数是一致的，远古时期，月亮距离地球近，绕地球一周的天数少，所以生长线的数目少。现在的鹦鹉螺的生长线有30条，正好与现在月亮绕地球一圈所用的时间一致。鹦鹉螺壳记录了月亮与地球的旋转的关系，所以鹦鹉螺有"海底天文学家"的美誉。

鹦鹉螺化石发现

鹦鹉螺类化石的形状多种多样。世界各地都发现有鹦鹉螺类化石，目前发现的最早的鹦鹉螺类化石是在我国的东北。1999年10月，南京地质古生物研究所在湖北省宜昌长三峡地区发现了3块大型鹦鹉螺化石，其中最长的一块长1.62米。这次发现的古鹦鹉螺化石名为中华种，全称为"中华震旦角

石"，其活体的生存时代为距今4.6亿年前的奥陶纪中期。2011年9月，一个5岁的英国小女孩在英国洛斯特郡的科茨沃尔德水上公园玩耍，在泥石中发现一块形状像蜗牛壳、浑身带刺儿的"大石头"。经古生物学者内维尔鉴定，这是一块鹦鹉螺化石，可追溯至距今1.6亿年前。

延 伸 阅 读

1952年9月，阿尔及利亚主办的第十九届国际地质大会，首次为大会发行了一套纪念邮票，其中第一枚邮票上出现的就是鹦鹉螺化石，它距今已有4.5亿年的历史。此后，鹦鹉螺化石图片就频频在邮票上出现。